青少年心理深呼吸丛书

孤独，
一边儿去 (修订本)
GUDU YIBIANER QU

张晓舟 著

邬 梅 绘

四川大学出版社

责任编辑：张　晶
责任校对：成　杰
封面绘画：大卫·凯力力
封面设计：青于蓝
责任印制：王　炜

图书在版编目(CIP)数据

孤独，一边儿去 / 张晓舟著；邬梅绘. —修订本.
—成都：四川大学出版社，2018.6
（青少年心理深呼吸丛书）
ISBN 978-7-5690-2032-8

Ⅰ.①孤…　Ⅱ.①张…　②邬…　Ⅲ.①孤独症-心理
保健-青少年读物　Ⅳ.①B846-49

中国版本图书馆 CIP 数据核字（2018）第 150664 号

书　名	孤独，一边儿去（修订本）	
著　者	张晓舟	
绘　画	邬　梅	
出　版	四川大学出版社	
地　址	成都市一环路南一段24号（610065）	
发　行	四川大学出版社	
书　号	ISBN 978-7-5690-2032-8	
印　刷	北京长宁印刷有限公司天津分公司	
成品尺寸	145 mm×210 mm	
印　张	4.5	
字　数	122 千字	
版　次	2018 年 10 月第 2 版	
印　次	2019 年 5 月第 2 次印刷	
定　价	19.80 元	

◆读者邮购本书，请与本社发行科联系。
电话:(028)85408408/(028)85401670/
(028)85408023　邮政编码:610065
◆本社图书如有印装质量问题，请
寄回出版社调换。
◆网址:http://press.scu.edu.cn

写在前面的话

　　青少年时期是人生成长的关键时期。青少年面临巨大的学习压力，不仅需要全面学习知识、提升认识、增强能力、丰富经验，而且需要突破自我，在自我否定中发展自我；有时还不得不面对父母、老师规划的路线与自我需求之间的矛盾冲突。心理学家据此把青少年成长期称为挣扎期。这一时期青少年出现较多心理困扰和心理问题是难免的。但这些心理困扰和心理问题多为情境性和一时性的，是其成长过程中知识、经验、能力、精力不足和外部环境压力太大所致，这些心理困扰可以通过辅导和自学有关知识得以解决。学习自我解决心理困扰，也是青少年成长的一个重要方面。

　　现在越来越多的心理学自助读物和心理辅导读物面世，这对处于挣扎期的广大青少年是一个福音。但是现在青少年学习压力大、时间少，亟须更简略、更生动形象地讲解心理学基本知识的读物。我们希望这套《青少年心理深呼吸丛书》可让大家轻松愉快地了解心理学的实用知识。

　　从心理学角度看，做深呼吸可以帮助我们遇事冷静下来，从而更客观地评估情境，更好地选择处理问题的方式。从时间上来说，做深呼吸为我们的瞬时反应争取了时间，我们可以更从容地组织自己的资源。我们希望这套漫画丛书让青少年朋友面对问题时做做心理"深呼吸"，从容应对。

　　在书中我们比较强调通过调动自我内心资源来解决心理困惑和成长中的烦恼，希望大家多问问自己"我到底要什么"来审视自己内心的真正需要，强调通过改变价值追求、思维模式、生活态度，尝试新的应对模式来消除自己的心理困惑。

我们希望青少年朋友用书中介绍的方法来改变自己的心态，学会在更广阔的背景中，更长远的发展阶段中来认识自己，看待身边的事情，思考社会和生活，提升自己的心理素质。

《青少年心理深呼吸丛书》面世以来，多次重印，深受广大读者喜爱。我们借这次再版机会，对第一版的内容进行了少量修订；同时，将《解释，改变生活》书名更改为《谬见，一边儿去》，使本丛书在形式上更趋一致。希望再版后的《青少年心理深呼吸丛书》能给读者带来新的启迪和帮助！

本丛书再版封面得到了美国电气工程博士大卫·凯力力（Dr. Davood Khalili）的倾力相助。他曾著有绘本《波波力谈生活与科学》（*A Bird Named Boboli: Life and Science*），他的作品想象奇特，充满趣味。在此，我们向凯力力博士表示衷心的感谢！

张晓舟

2018年6月

目 录

1

什么是孤独

天下谁人能
与我共……

孤独是与生俱来的潜在状态

当今大千世界，你了解孤独吗？你能承受孤独吗？《孤独TV》特别节目为你呈现众生百态孤独相。

请问路边池塘的青蛙，你觉得孤独吗？

看来孤独是很普遍的。

最后专访：青蛙

　　人是独立生存的个体有。天性使然，人人都会从自身个体的立场出发去体验人生、考虑问题、认识世界，所以孤独是每个人都可能具有的潜在状态。

孤独来自个体的感受

如果一星期不让你上网你会怎么样？

没关系，大不了宅在家看漫画喽！

那如果连漫画都不让你看呢？

OK！约上朋友踢足球也很满足！

如果只准你在家复习功课呢？

算啦算啦反正也快考试了 好好看书吧！

兵来将挡
水来土掩

如果再让班主任来给你补课呢？

什么？

啊！我会很孤独的！

人在群体活动中消除孤独

据反映，上周新来的转校生很不适应我班新环境，倍感孤独。

第X次班委大会

一会儿我们就去探望他！

好强烈的孤独气场！必须争取援兵了！

孤零零

睁不开眼睛……

我这就去叫人！

班长，我已经召集了合唱团、诗朗诵团、心理辅导小组，还有一些擅长绘画和说相声的同学前去帮助他，相信他一定可以摆脱孤独的困扰！

很好很好，让我们等待他融入班集体吧！

不好了班长，因为人太多，转校生呼吸困难昏过去了，现在正被送往医院……

呜哇呜哇

什么？

人是群居动物，孤单弱小的个人获得社会和集体的帮助和支持，在人与人之间的交往中得到心灵志趣上的契合，就可以逐步消除自己的孤独感。

4

人在与他人的合作中消除孤独

在医院

孤独是一种社交孤立状态 1

> 漫漫冬日好自在，晴天正是读书天！

> 终于出太阳了，正好出门运动！

> 看，有月亮的夜晚真是罗曼蒂克！

> 月亮存在了多久？而我们又存在了多久？

　　孤独是一种社交孤立状态，是个人觉知到自己与他人疏离而无法分享生活的痛苦体验。

孤独是一种社交孤立状态 2

孤独同样也是觉知到自己与他人疏离而不被接纳的痛苦体验，通俗点说，就是"说不到一处去"。

孤单不是孤独

虽然茫茫旷野就我一人，但我并不孤独，总觉得欢乐气氛伴我左右……

突 突 突

啊，哈哈哈哈哈哈哈哈！

　　你一个人独处无人陪伴，只是外在形式上的孤单。如果你内心充实，随境喜悦，便不是孤独。

与世隔绝也可以不孤独

　　在奥斯卡获奖电影《肖申克的救赎》中，男主角安迪因惹恼了监狱长，被监禁一个月小黑屋。当他被放出来时，狱友问他是否孤独，他说："不，因为有莫扎特的音乐陪伴着我——就在我的心里。"艺术上的追求、文学上的心灵相通，只要有共鸣，都能够排遣孤独。

二氧化碳般的孤独感

孤独就像二氧化碳一样包围着我。

特别是在人群中，因为二氧化碳更多了……

可是一旦吹起心爱的笛子，氧气就源源不断。

对我来说，还是吃零食更快乐!

……

1%的不孤独感 1

现在为你进行第一千零三次性格测试……

计算机正在为你统计，请稍候……

很遗憾，目前只有1%的人与你的性格有1%的契合度……

感觉还不错！

知道自己拥有志同道合的伙伴，便不会有孤独的感觉。

1%的不孤独感2

在人群中也会感到孤独

有的人尽管被人群所围绕，仍然会感到孤独。因为他无法与人分享自己的想法、情感和思想。

孤独的本质 1：是否被理解

孤独的表征是人与人之间的疏离，核心问题有两个：一是被理解，二是分享。自己感觉到是否被理解是衡量一个人是否真正孤独的标准之一。

孤独的本质 2：是否能分享

有没有人和你分享彼此的思想、情感、信息（哪怕是分享刚刚得知的小道消息），是衡量一个人是否真正孤独的标准之二。

孤独是一种寂寞无助感

　　从心理学的角度看，孤独会导致人们内心产生寂寞无助的感觉，连倾诉自己痛苦感觉的人都找不到。

有人理解也不会孤独

希望这种理解不是出于礼貌，否则我还是感到孤独。

呵呵，我相信！

会长

三天后

　　即使无法与人分享，但遇到理解自己的人，也不会感到孤独。分享与理解能拥有其一，孤独便不复存在。

孤独的状态 1

大家好，我是威茨博士！伟大的科学家都是穿拖鞋的。不管你信不信，反正我是信了！

今天我们开始对一个名叫"星期五"的原始人进行孤独体验观察……

公元××××年……

嘿嘿，超开心。

各位，你们看！我今天穿上了新的树叶裤子，你们说好看吗？

啊呀，快跑！

为什么大家都不理我……我这么不受欢迎？

显然这是误会导致的社会孤立。

　　心理学家罗伯特·威茨认为，孤独落脚于个人情感体验，分为社会孤立和情绪孤立。社会孤立主要是指得不到周围人的认同或回馈而自我感觉被孤立。

孤独的状态 2

情绪孤立是指在社会关系中因不被理解而自我感觉被孤立，与周围的环境格格不入。

混合型孤立

看来这位少年陷入了孤独的深渊，我必须开导他。

星期五，你不必感到孤独，至少你还有我……

哇呀！

此时此刻，就像坠入孤独的深渊……

……

野蛮人出没！救命啊！

后来的研究者提出，社会孤立和情绪孤立的混合型孤立，涉及与他人和群体的疏离。

孤独可以是一种现实距离

话说鲁滨孙一个人来到孤岛之后……

找不到人蹭饭，真的好无聊啊！

在岛上发现了一种果树，果子好看又好吃，我就叫它"小鲁"吧！

唉，一个人享受美食却无人分享，真是孤独啊！

你好：
　如果你吃了"小鲁"觉得很好吃，麻烦回信告诉我。
　　　　鲁滨孙

小鲁，一路平安！

　　个体感到自己难以获得支持和关爱，甚至产生隔绝和被排斥的感觉，随之引发寂寞与苦闷，孤独感便产生了。

孤独更是一种心理距离

　　如果感到自己和周围的人缺乏共同语言、缺乏理解和认同，就会与他们产生较大的心理距离，进而产生孤独感。

孤独反映的是归属感

孤独反映的是归属感、被群体接受和支持的程度，以及与群体契合的程度。

孤独是现代常见"病"

现代社会的生活方式导致很多人都体验过孤独的痛苦，有人认为孤独已经成为现代人的通病。

孤独没什么大不了

美国心理学家调查了400名都市现代人，受访人群中自称常感孤独者达百分百。所以，不要为自己的孤独而自卑，要努力活出精彩来。

你感受过孤独吗?

　　自我意识较强的个人，十分关心自己在他人心目中的地位和形象，重视他人的评价，特别渴望别人能真正了解自己。

自我意识太强而导致的孤独 2

当交流不足使渴望被理解的需要得不到满足时，就会陷入惆怅和苦恼中，产生孤独感。

自我评价不当会导致孤独 1

自我评价过低而过分自卑，参加社会活动不勇敢，不积极，导致他人评价不高，会感到没有人理解自己而孤独。

自我评价不当会导致孤独 2

自我评价过高而过分自负，在交往中不合群，不随和，不尊重他人，也会因为缺少他人的理解而孤独。

缺乏自信导致的孤独 1

担心自己能力不够，害怕被瞧不起，害怕出丑而沟通不足，甚至不愿与人沟通，其结果是感到不被人接受而产生孤独感。

缺乏自信导致的孤独 2

因缺乏自信而孤独？我可从来不会!

算了，就知道问你也是白搭!

……

虽然我也觉得自己自信满满，可是……

做出这种机器人去参加比赛让我怎么自信得起来？

怕被拒绝，怕被伤害，怕被嘲笑，消极或躲避的态度导致孤独感加剧。

缺乏交往技巧导致的孤独 1：表达不当

本来是希望对方好，但话说出来却令对方误会。

缺乏交往技巧导致的孤独 2：不善于表达

不善言辞，向对方传达的语言和自己内心所想有偏差，容易引起对方误解。

缺乏交往技巧导致的孤独 3：不善于交往

　　有的人因为没有掌握交往技巧而无法参与自己愿意参加的活动，甚至失去朋友或得罪他人，从而感到孤独。

害羞导致的孤独

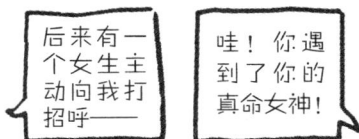

害羞使人逃避目前的处境，甚至封闭自我，导致孤独。

恐惧导致的孤独

恐惧也会使人逃避当下，避免与人交往，导致孤独。

不信任群体的孤独

第二天

　　我们总是希望得到群体的支持和认同，如果在交往中不慎被欺侮而受伤，便对群体不再信任，从而感到孤独。

不认同群体的孤独

学校里以大欺小，恃强凌弱时有发生，连美国前总统奥巴马都说自己曾是学校暴力的受害者。

保护自尊心的孤独 1

当我们的某些要求和意见被拒绝、被排斥，内心敏感的人就会感到自尊心受到伤害。

保护自尊心的孤独 2

如果沟通不畅，自尊心受到伤害，人们就可能选择逃避。这也是心理承受力差的表现之一。

被排斥打压导致的孤独 1

当我们在群体中明显地受到排斥、打压或得不到支持时，就会产生孤独感。被排斥可能是我们自己能力差造成的。

被排斥打压导致的孤独 2

某些群体为保护自身利益而排斥一些有害或有碍群体的人或行为，这是群体排除异己。有时表面现象虽与之类似但实则仅是误会。

利益冲突导致的孤独

过分自私的人，不容易被他人接受，容易产生孤独感。

对人对事苛刻导致的孤独 1

有的人很挑剔，对他人比较严厉和苛刻，对周围事物不满，从而导致自己"曲高和寡"式孤独。

对人对事苛刻导致的孤独 2

对他人过于严厉和苛刻，也会因他人的回避和疏离而导致孤独。

行为怪异导致的孤独

兴趣范围狭窄、行为刻板的人，也会在群体活动中感到孤独。

陌生环境导致的孤独

熟悉的环境一下变得陌生，令人无所适从，也会产生孤独感。

单家独户导致的孤独

现代社会单家独户的居住环境导致邻里少有往来，独生子女缺少同龄人的互动。一份调查显示，中国的独生子女中有六成"很孤独"。

家庭成员工作繁忙导致的孤独

大人忙于工作，孩子在家庭里难以充分享受家人团聚的温馨，从而导致孤独。

升学导致的孤独

马上就要到我们学校的备考期了——

那是什么？

？

你不知道？那你转校过来？

没有听说过……

也罢，下个星期你就知道备考期的厉害了。

一周后学校给每个学生发了一件背心……

……

　　读中学后，竞争压力大，同学间交流少，容易导致孤独。

竞争激烈导致的孤独 1

同学之间学习竞争激烈，过分保护自己，不信任他人，不被他人信任，也会导致孤独。

竞争激烈导致的孤独 2

压力和竞争让同学们忙于作业和补习，没有时间一起玩耍和交流，于是平添了许多孤独。

"一门关尽"的生活方式导致的孤独

性格内向导致的孤独

嗨！我是荣格，我们来看看两个案例——

A   B

外向者会怎么度过一天呢？

呃，完全对自己内心的念头不闻不问啊……

呃，这一天都没有离开过房间啊……

内向者又会怎么做呢？

著名心理学家荣格认为，内向者的兴趣集中在自己的思想、观点、情感和行为上。如果内向者对自我世界过分关注，容易引发孤独。

特立独行的孤独

凡·高

孤独让我绘画，绘画让我更孤独！还有比这更悲壮的吗？

凡·高的画真是惊世骇俗啊，他简直是天才！

为什么我孤独的时候画不出好看的画？

哥白尼

地球围绕太阳运行，不断靠近太阳又离开太阳，其实孤独的不是地球，而是我啊！

我好像听到了外星人的信号，由此证明地球人不再孤独。

唧唧咕咕咪咪麻麻

　　我们的行为与群体不一致超过群体的容忍度，被群体排斥、责难，我们就会感到孤独。回首古今中外的许多大师，在巨大的时空中他们的孤独显得无比悲壮。

丑小鸭曾经也很孤独，直到它变成了白天鹅。其实你也可以哦！

安徒生

可是我天生就是白天鹅呢，呵呵！

不管你是鹅还是鸭都会孤独的……

真的一个人都没有啊……

前不见古人，后不见来者。念天地之悠悠，独怆然而涕下。

陈子昂

完了，我们迷路了！

哈哈，正好符合这首诗的意境哦！

哎，我好苦……苦啊……苦，苦，苦啊……

林黛玉

所以说，我们要做强悍的女人！

好可怕的杀气……

……

也有因小事和琐事引起的孤独，常常让人顾影自怜，自怨自艾，以悲剧收场，比如林黛玉。

小剧场·曲高和寡的孤独

《伯牙焚琴》故事新编

知音难觅，环视无同者，没有志同道合的朋友，就会导致孤独。

从此，江湖上多了一个用笛子擀面的烧饼奇人……

无法融入群体的孤独

农民工子女、偏远地区来的同学融入群体会有一定困难，容易感到孤独。

价值追求与大家不一致的孤独

我的理想

我想做一名女外交官，这样就可以周游全世界。

我将来一定会成为科学家，拿到诺贝尔奖！

呵呵，我觉得自己可能会回到我的家乡——火星！

鸦雀无声

呃，我……我是开玩笑的啦！

　　与周围人的认识和行为不一致，被大家认为怪异而导致孤独。

自视清高的孤独

对某些人来说，孤独的真正原因是找不到知音，而不是不想与人相处。他们认为与其面对一些不了解自己的人，还不如面对孤独。

缺乏知心朋友的孤独

碍于面子，心中的秘密不愿意或找不到人分享，容易导致孤独。

逃避压力和矛盾的孤独

与人交往就有矛盾冲突，甚至有小团体的划分，为逃避人与人的矛盾把自己封闭起来，甚至逃避群体活动，就会导致孤独。

过去的挫折或创伤导致的孤独 1

8岁那年，我心爱的小猫病死了……

小咪，你在天堂好吗？

我不饿！

小雅，出来吃饭了！

我把自己关在房间里，和小咪的照片说话，希望小咪活过来。

真是伤感，后来你怎么恢复的呢？

直到一个月后……

我爸爸给我买了一只可爱的小狗

　　生活发生重大变化，眷恋过去，会导致当下的孤独。

过去的挫折或创伤导致的孤独 2

妈妈？

在我很小的时候，父母就离异了……

等奖

三好学生

除了学习还是学习，我把心事写进日记，谁也不告诉……

长大后，我烧掉了所有的日记，不让悲伤继续留在记忆里……

冬天吃烤红薯最过瘾了！

……烧日记时顺便可以烤个红薯来吃！

家庭发生破裂或变故，内心的凄苦无法与人言说，也会导致孤独。

原有朋友关系疏离导致的孤独

今年我转校一共有十次呢！

啊？这么多？都是什么原因呢？

老师太笨，同学太蠢，学校离家太远，学校里植树太少……

这都是些什么理由啊……

不过，正因为这样，你我才相遇了呢……

这次我不会再转校了……

真的？太好了，难道是因为我们的友谊吗？

因为这个学校的门牌号码恰好跟我的生日数字一模一样哟！

呃……我真是白痴啊我……

　　频繁转校或搬家，与原有朋友疏离，也容易导致孤独。

如果你曾经感受过孤独，你知道自己孤独的原因吗？

转瞬即逝的孤独

因一时一事的感触而产生的孤独，可能随着情景的转变而消失。

持久顽固的孤独

如果孤独持续较长时间且难以消除，光靠一般的办法很难走出来，需要请求专业心理医生的帮助。

主动追求的孤独

有时候，为了自我心理调适或者艺术创作，我们会主动寻求孤独的状态。这种健康的孤独对自我的成长是很有帮助的。

被迫承受的孤独

    如果孤独的状态不是我们想要的，我们应该主动走出去，打破孤独。先从改变自己开始，面带微笑，主动交流，热情助人，为他人着想。孤独也是帮助我们变得更强大的驱动力。

孤独是我们成长的心理需要1

好美的星空，爬上山顶真是太值了！

此情此景仿佛涤尽了身心！

是么？

困惑我好久的难题突然解决了！

是什么呢？

......

明天早饭到底是吃小笼包还是鲜肉烧饼呢？

在更细腻、更苦涩的心理体验中，孤独让我们回忆、比较、思考自己和外界的关系，深化自我认识，升华人生境界。

孤独是我们成长的心理需要 2

若朋友或他人处于短暂的孤独状态，无需过分担心。

主动追求孤独是身心需要

关上灯，焚上香，听着舒缓的音乐……

在手臂上滴一滴有放松效果的植物精油……

深呼吸，开始享受孤独的美妙吧！

嗯，肚子确实有点饿了——

体验到全新的感受……

　　正是因为如此，我们有时候会主动追求孤独的体验，进入孤独的情景中。

适当的孤独不会造成心理伤害

尽管形单影只让人怅然若失，但适当的孤独可以促使人更深刻地领悟生活，发现生活的独到之处。

孤独是我们享受宁静的需要？

有时我们不堪俗世的烦扰，渴求内心安静，无论外在环境还是内心深处，都需要远离喧嚣的人群，寻求片刻的慰藉。

孤独是我们享受宁静的需要 2

情绪大起大落后我们会感到疲惫。这时我们需要一个宁静的空间，以调整身心，获得休息。

利用孤独更好地成长

无论在城市或乡村，换一个环境，我们都可以利用一段孤独的时间更深刻地体验生活，更好地成长。

孤独是主动的休息

孤独冬令营完完全全的孤独，彻彻底底的放松，见不到一个人！

预约处

去试试看。

没有多余人的打扰，真的很放松呢！

可是，午饭怎么办呢？

原来是由雪人送来的啊……

在经历了忙乱的打拼或他人的打压后，我们需要短暂的休息，整理情绪，完全放松。孤独便成为一种主动的休息。

孤独有利于艺术创作 1

对艺术创作而言，孤独可以提供独特的心境和情景，有助于产生灵感，发挥艺术才情。

孤独有利于艺术创作 2

　　孤独能够帮助艺术创作者暂时忘却尘世的喧嚣和繁杂，抵御现实的各种诱惑，避免浮躁和媚俗，沉浸在纯美的艺术之中。

过多的孤独有害无益

适当的孤独可以让我们的身心更加健康，但过多的孤独会阻碍我们与他人、社会的互动，把自己变成一座苦闷的孤岛。

孤独导致学而无友

过多的孤独使自己在学习中孤立无援，不能和他人有效沟通获得帮助，影响学习效率。

孤独导致缺乏交往技巧

孤独感让我们的交往方式变得消极，缺乏必要的社交技巧，难以与他人建立亲密的友谊。

孤独是一种销蚀剂

孤独让我们感到无助，丧失动力和勇气。俄罗斯作家谢尔盖耶夫说："孤独和寂寞是对人的可怕折磨。"他认为很多群居动物都无法适应孤独的环境。

孤独也是难以排解的忧愁和苦闷之源

孤独让我们无法承受压力！

孤独让我们无法承受压力 2

性格孤僻的西红柿
怕被压抑……

西红柿不愿意承受压
力锅的压力……

汤做好了，西红柿有点后悔……

西红柿只能孤零零地成为凉拌菜……

孤独会让自己觉得对他人和社会没有价值 1

没人愿意和我玩……

我到底对别人意味着什么？我有什么价值？

好吧，我的价值在于帮助老板处理积压品！

孤独会让自己觉得对他人和社会没有价值2

这一生中我没有卖出过一幅画……

凡·高

恭喜，今天有人买了你的画！

别骗我了，弟弟我知道是你买的！

我对这个世界没有任何留恋……

不久，凡·高就自杀了……

其实，是上帝很喜欢你的画！

为什么我会变成天使？

凡·高发现自己来到了天堂……

孤独会扭曲我们对人际关系的感受

孤独会扭曲我们对正常事物的感受

长期的孤独会导致更大的疏离

　　孤独还会加大与他人和社会的隔阂和疏离，而这些隔阂和疏离又会强化人的孤独感。长期的孤独必然导致孤独与疏离的恶性循环。

过多的孤独不利于自己的成长 i

这个世界上，很多我们期待的事物其实是偶然来到的，需要我们主动发现。孤独让我们不愿参与大多数社会活动，错过许多让我们成长的机会。

过多的孤独不利于自己的成长 2

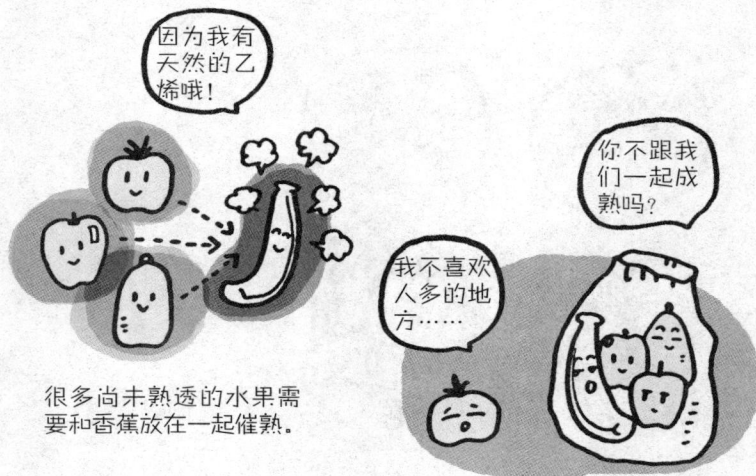

因为我有天然的乙烯哦!

你不跟我们一起成熟吗?

我不喜欢人多的地方……

很多尚未熟透的水果需要和香蕉放在一起催熟。

但是孤独的尚未熟透的西红柿不愿意参与……

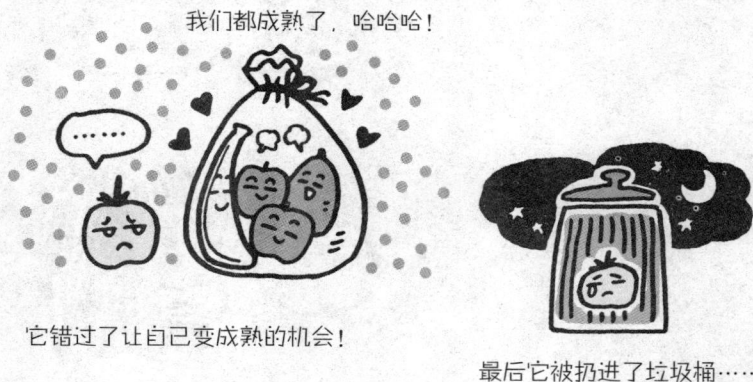

我们都成熟了，哈哈哈!

……

它错过了让自己变成熟的机会!

最后它被扔进了垃圾桶……

　　我们大多是在社会中与他人交往中成长的。孤独会阻碍我们参与集体活动，错失成长的时机。

严重的孤独引发情绪障碍

严重的孤独甚至会引发认知或情绪障碍，销蚀个人活力，影响心理健康。

改变孤独的努力会遭到孤独的制约！

哈哈，你被我孤独小·魔鬼绑架了，带我去见你的朋友吧！

朋友？我从来就没有朋友啊！

你开什么玩笑？

对了，一旦被孤独"绑架"，就会万念俱灰，彻底绝望啊！

我没有朋友啊，让我一个人待着吧！

有谁认识这个家伙？快出来！他被我绑架啦！

什么情况？

两个人都有病！

　　人一旦被孤独"绑架"，就会有乖戾和孤僻的行为，难以融入人群，难以和他人进行正常交往。

改变孤独的努力会遭到孤独的制约 2

但消除孤独往往又需要在人与人的深度沟通中进行，所以孤独本身会成为消除孤独的痼疾，消除孤独的努力又会遭到孤独的抵抗。

思考
练习

无论你被孤独困扰还是在孤独中获益，你意识到这是你成长的必然吗？

孤独其实可以化解 1

孤独并不可怕。其实一生中我们或多或少都曾有过孤独的体验，特别是青少年因交流技巧和经验不足会受到孤独的困扰。

孤独其实可以化解 2

我们只要有改变的愿望，努力学习一些技巧，就可以疏导甚至化解孤独，走出孤独的苦闷。

化解孤独的根本方法是主动获得大家的认同

主动帮助别人，主动展示自己，主动和大家友好相处，这些都能有效化解孤独。

化解孤独的办法是主动建立亲密关系

可以交个朋友吗?

我们应该没什么共同语言吧!

她们都喜欢明星和帅哥……

演唱会……

昨天的电视……

隔壁班的留学生……

这一招真的管用吗?

你要干什么?

教教我怎么吸引女生的注意!

Hi, girl. Shall we talk?

好酷!

他会说英语!

我们虽然不可能和所有人建立亲密关系，但可以主动吸引更多的朋友，找到志同道合的伙伴。

选择志同道合的朋友

如果我们与群体的主流价值无法互相认同，不必强求，可以选择志同道合的朋友，分享交流，化解孤独。

避免以个人为中心

应尊重他人的选择，避免武断专行，更不能一切按照自己的意愿来。

学会推己及人

这是历史上著名的"荆轲刺秦王"……

避免以个人为中心，还要学会推己及人，站在别人的角度，多从他人或集体立场上考虑问题。

不要太好强

　　现在独生子女一般都个性强不服输，其实应该平衡竞争与期望的关系，不要过于勉强自己。

吃得亏，打得堆

很遗憾只有最后一个了。

我要一个凯蒂猫！

我也要一个！

噼里啪啦！

……

算啦，我让给你了！

爱死你了，我请你吃甜品！

其实我突然发现没带钱包——

忍让一时的利益，换来一世的情谊。

主动和周围人交往

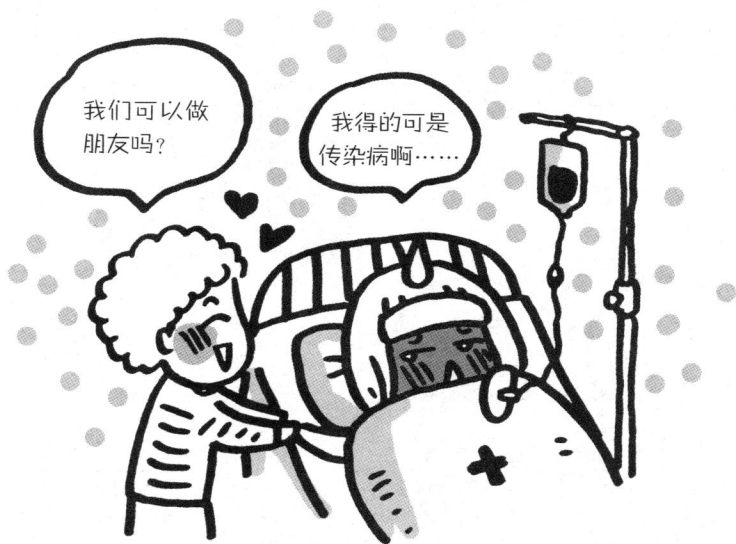

克服自卑和害羞，主动迈出交往的第一步。

改善过度的自尊

与人交往不要太在意自尊和面子，看淡胜败，乐享过程。

提高交往技巧 1：肯定和赞美他人

学会欣赏他人的优点和长处，真诚表达自己的赞美，你会发现周围的人会更加理解你！

提高交往技巧 2: 富有同情心

关心和同情与你一起生活、学习、工作的人们，你会收获更多深厚的情谊。

提高交往技巧 3: 学会倾听

　　人人都想表达，你只需要洗耳恭听，便会赢得更多的理解。

提高交往技巧4：运用同理心

你能推己及人，他人就会换位思考，同理和共情可以消除孤独。

提高交往技巧 5: 表达温和有条理

温和有条理地表达可以慢慢练习。一旦练成，受用无穷！

提高交往技巧6：善于表达

他人的成绩，多从主观分析着眼；他人的失误，多从客观分析入手。

积极参与集体活动

积极参与集体活动，在活动中展示自己，积累经验，与他人建立良好的关系。

乐于帮助他人

要报名参加明天的插花班吗？

好啊好啊，一定很有趣！

怎么都弄不好，哎……

我的弄好了，我来帮你吧！

嘿嘿，大功告成！

哇！你太厉害了！

呵呵，我帮你宣传了一下。这会儿有十几个人排队等你帮忙呢……

　　帮助别人是消除孤独的最好办法。在帮助他人的过程中，你最能体会到孤独的消解。温暖别人，就是温暖自己。

主动微笑和点头

真不敢接近她，她老不笑！

我也是，好怕她！

哇！她居然笑了……

看来微笑真的可以融化坚冰呢！

刚刚看的那个笑话太好笑了。

当大家都担心被拒绝而不敢主动交往时，我们可以主动微笑和打招呼。这些浅层次的动作可以拉近人与人的距离，又不至于造成尴尬。不妨试一试，你会发现大多数人其实很和蔼可亲。

与别人分享信息和心情

我也要加入!

请把你的心里话写下来
放在篮子里与大家分享。

　　不要拒绝敞开心扉，也不要拒绝倾听别人的心声，学习与人分享是告别痛苦和孤独的良策之一。

君子之交淡如水

交往就像爬梯子，一旦浓烈了就需要更多配合和投入，需要大量精力、时间和经济支持。一旦你感到无法承受而退出，就容易伤害双方的友谊。所以——君子之交淡如水。

与志趣相投的朋友多交往

  孤独的人不是没有交往的人，而是没有知心朋友。所以应该特别珍惜志趣相投的朋友，但也不要太依赖，应保持自己的独立性。

与自己合得来的人多交往

交往中适当保护自己的隐私

于是我们暂时就吃不到西红柿炒鸡蛋……

　　有时为表现朋友间的信任，我们需要互相交换一些隐私，但一定要适可而止，否则会伤害自己和朋友，由此引起的不信任会导致更多的孤独。

合理安排自己的独处时光

有的人独处时沉浸在音乐里……

有的人喜欢一个人烹饪美食以获得满足……

有的人选择积极运动以扫除阴霾……　　当然，也有的人什么也不做……

　　改变环境也能改变心情，一个人独处时，不妨做一点自己喜欢的事情，享受这份闲暇和自由。

帮助身边孤独的人

如果你身边也有孤独的人，请主动帮助他走出孤独。让他知道有人关心他，会帮助他解决具体的问题。

勇敢开创属于自己的生活

一旦觉得孤独，我就把自己的心情写下来。

不是开玩笑吧？

写得很好！刮目相看啊！

完全可以出书呢！

偶然的机会传阅给大家看，没想到深受好评。

《孤独日记》是今年销量排行冠军哦！

真的？

后来我的日记出版了，书名叫作《孤独日记》。

特别崇拜你！

真希望认识你！

可以和你交朋友吗？

好厉害啊！

因为曾经的孤独，我结识了许多许多的朋友。

　　不要以为只有呼朋唤友才能愉快生活，试着用更多的方法来表达自己，慢慢地就会吸引他人。古希腊哲学家赫拉克利特说："不幸起源于不能承受孤独。"坦然面对孤独，才能面对生活中的诸多难题。

你有哪些应对孤独的技巧和经验?

参考文献

伯恩斯，2011. 新情绪疗法［M］. 李亚萍，译. 北京：中国城市出版社.

格里格，津巴多，2005. 心理学与生活［M］. 王垒，王甦，译. 北京：人民邮电出版社.

达菲，阿特沃特，2011. 心理学改变生活［M］. 9版. 邹丹，张莹，等译. 北京：世界图书出版公司.

马斯洛，等，1987. 人的潜能和价值［M］. 林方，等译. 北京：华夏出版社.

派瑞，2007. 伴青少年渡过挣扎期［M］. 柳惠容，译. 成都：四川大学出版社.

箱崎总一，1988. 论孤独［M］. 徐鲁杨，邹东来，译. 上海：译林出版社.

张春兴，1996. 现代心理学 -- 现代人研究自身问题的科学［M］. 上海：上海人民出版社.